DES PROGRÈS
DE L'IMPRIMERIE

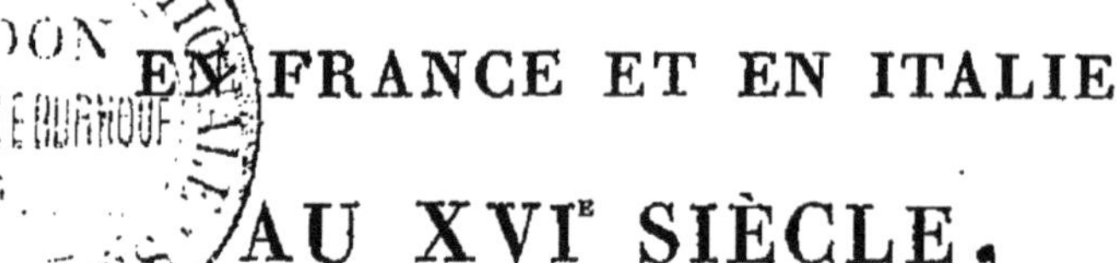

EN FRANCE ET EN ITALIE
AU XVIe SIÈCLE,

ET DE SON INFLUENCE SUR LA LITTÉRATURE;

AVEC

les Lettres-Patentes

DE FRANÇOIS Ier,

en date du 17 janvier 1538,

QUI INSTITUENT LE PREMIER IMPRIMEUR ROYAL POUR LE GREC;

PAR G.-A. CRAPELET, IMPRIMEUR.

A PARIS,

DE L'IMPRIMERIE DE CRAPELET,

RUE DE VAUGIRARD, N° 9.

M. DCCC. XXXVI.

AUX AMIS

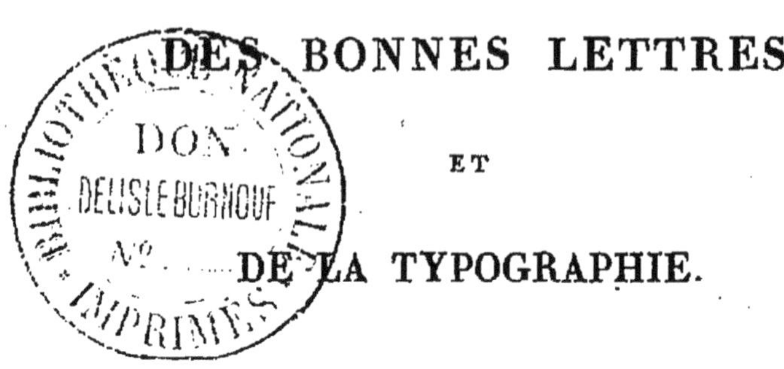

DES BONNES LETTRES

ET

DE LA TYPOGRAPHIE.

Des Lettres-patentes du 17 janvier 1538, écrites en latin, et par lesquelles François Ier institue le *Premier Imprimeur royal pour le grec*, étoient restées jusqu'à ce jour ignorées des Historiens de l'Imprimerie et des Bibliographes.

Le texte de ces Lettres fait partie d'un Recueil de différentes pièces conservées à la Bibliothéque Mazarine sous le n° 16029. L'intérêt historique et littéraire de ce Document ne peut manquer d'être également apprécié.

Il contredit sur un point important les détracteurs de François Ier, qui dénient à ce Prince le titre de *Protecteur des Lettres*, et qui semblent s'évertuer à outrager maintenant sa mémoire, qu'une adulation de trois siècles auroit, suivant eux, comblée de louanges imméritées. C'étoit un double motif pour me déterminer à imprimer séparément ces Lettres avec la traduction que j'en ai faite, sans attendre que le livre dans lequel elles seront insérées fût terminé.

G.-A. CRAPELET.

Paris, le 31 mars 1836.

DES PROGRÈS DE L'IMPRIMERIE

EN FRANCE ET EN ITALIE

AU XVIE SIÈCLE,

ET DE SON INFLUENCE SUR LA LITTÉRATURE.

C'EST devant le XVIe siècle, auprès de François Ier, qu'il faut s'arrêter pour admirer la prodigieuse influence de l'Imprimerie sur la civilisation, et l'éclat littéraire qu'elle répandit en France et en Italie : l'émulation et l'accord des souverains de la terre à protéger cette invention regardée comme un présent de Dieu; les ténèbres de l'ignorance [1] dissipées presque soudainement par la lumière des lettres grecques et latines; l'ardeur des esprits à la recueillir et à la propager; le concours d'hommes supérieurs qui, à cette

[1] « Louis XI empêcha que le Parlement et l'Université de Paris, deux corps alors également ignorans, parce que tous les Français l'étaient, ne poursuivissent comme sorciers les premiers imprimeurs qui vinrent d'Allemagne. » (*Essai sur l'esprit et les mœurs des nations*, chap. XCIV.)

époque, consacrent à l'imprimerie leur vie, leurs talens et leur fortune ; à cette époque aussi, le sol de la patrie affranchi de l'étranger ; la lutte de nos Rois et de leurs grands vassaux étouffée ; enfin, après un long état d'agitation, de désordre, d'abaissement et de malaise, un besoin universel d'instruction et d'amélioration sociale, auquel l'imprimerie seule pouvoit répondre partout et sans retard.

Déjà, depuis les dernières années du xve siècle, l'Italie, qui avoit recueilli, avec les Grecs fugitifs, la fortune des lettres, faisoit participer les autres nations aux richesses dont elle étoit dépositaire. Ces savans réfugiés préparoient les moyens de les faire fructifier, en composant des livres élémentaires propres à aplanir les difficultés des premières études.

L'imprimerie procédoit avec intelligence et méthode. Elle mit d'abord aux mains des étudians des grammaires grecques que ces vénérables professeurs si nobles de science, d'infortune et de renommée, Théod. Gaza, de Thessalonique, Constantin Lascaris, de Byzance, Démétrius Chalcondyle, d'Athènes, n'avoient pas dédaigné de rédiger pour leurs nombreux auditeurs. Dion. Paravisinus de Milan imprime la première grammaire grecque de Lascaris, en 1476 [1]. La première presse, les premiers types romains et grecs d'Alde Ma-

[1] Un exemplaire de cette édition, bien complet, pourroit être porté aujourd'hui, selon M. Brunet (*Manuel du Libraire*, 1820), à 1,000 ou 1,200 fr. La seconde édition de cette grammaire de Lascaris, imprimée par Alde Manuce, de 166 feuillets, in-4°, coûtoit aux étudians 9 à 10 fr., valeur actuelle.

nuce, à Venise, en 1494, servent à multiplier les exemplaires de ces rudimens grecs, corrigés, amplifiés, et plus appropriés aux besoins des études. Rien n'y manque : et ce livre devient un cours de littérature et de morale; car il donne jusqu'à l'explication des abréviations usitées dans les Mss. grecs; il comprend l'Oraison dominicale, la Salutation angélique, le Symbole des Apôtres, l'Évangile selon saint Jean, les Vers dorés de Pythagore, les Maximes morales de Phocylide; et le tout est translaté en latin, mot pour mot. Th. Gaza ne traduit pas seulement des ouvrages grecs en latin, il fait passer dans la langue grecque plusieurs Traités de Cicéron. Démétrius Chalcondyle et Démétrius de Crète se réunissent pour publier le texte d'*Homère*, et l'imprimerie de Florence est à jamais illustrée par cette première édition du prince des poètes, datée de 1488.

Bientôt toute la famille des auteurs grecs apparoît au monde littéraire. Les princes de l'Italie rivalisent de bienveillance et de générosité pour honorer et encourager les savans, exciter le goût des belles-lettres, et hâter leurs progrès. Les ducs de Ferrare, de Milan, de Florence, le roi Alphonse, à Naples, fondent ou relèvent des académies, leur assignent de riches dotations, établissent des chaires de littérature grecque et latine, et attirent à leurs cours les hommes les plus savans et les plus habiles, pendant que les Alde, à Venise, poursuivent et agrandissent leur pénible et glorieuse carrière. Le chef de cette famille, Alde l'Ancien, parvient à former une académie entière des savans et des personnages les plus illustres qui concourent aux travaux de son imprimerie ou l'assistent de leur protection libérale. A Rome, un riche négociant, Aug. Chigi, devient le rival des Médicis, par sa libéralité, par sa passion pour les lettres grecques et pour les arts. Il établit à ses frais une imprimerie, et en confie la direction à un Grec de nation, Zach. Calliergi, de Crète. Les éditions de *Pindare* et de *Théocrite*, remarquables par leur correction, par la beauté de l'impression, et enrichies des scholies de l'imprimeur, attestent le goût éclairé du protecteur, le savoir et le talent du typographe.

Ces exemples et cette émulation animoient de toutes parts le commerce des lettres; des femmes même se mêloient aux luttes d'érudition qui s'engageoient entre les savans. Une belle et vertueuse Florentine, Alexandra Scala, fille d'un Barth. Scala qui étoit parvenu aux premières dignités de la république par son seul mérite littéraire, composoit des vers latins remarquables [1], et répondoit en grec aux louanges que lui adressoit dans cette langue Ange Politien. Mais Politien ne traitoit pas aussi galamment le mari de la belle Alexandra, Michel Marulle, savant grec réfugié; et tous deux guerroyoient vivement en grec et en latin. Un prince qui avoit abdiqué ses titres et sa fortune pour vivre dans la société des livres et des hommes de lettres les plus distingués, Pic de la Mirandole, ouvroit les trésors de sa prodigieuse mémoire et de ses vastes connoissances à ce

---

[1] Mich. Marulle dit qu'à l'âge de quinze ans elle surpassoit déjà son père pour la finesse et l'enjouement de ses vers.

même Ange Politien, son ami le plus cher, et l'aidoit dans ses recherches et dans ses travaux. Tous les esprits étoient en mouvement pour l'œuvre de la renaissance.

Enfin paroît Léon X, en 1513, et le fils de Laurent le *Magnifique*, assis pendant neuf ans à peine sur le trône pontifical, a doté tout un siècle de la gloire de ses œuvres et de son nom. Dans la longue liste des successeurs de saint Pierre, et même en les réunissant tous, on ne parviendroit pas à former un prince dont la naissance, l'esprit, le goût, les manières, les penchans, les qualités, les défauts mêmes, fussent mieux appropriés à l'époque et aux circonstances pour lesquelles la Providence sembloit avoir réservé Léon X.

Chalcondyle et Ange Politien sont ses premiers maîtres, et l'élève, doué des plus rares dispositions, fait des progrès surprenans dans tous les genres de connoissances, et surtout dans l'étude des philosophes anciens. Il cultive avec un égal succès les sciences et les arts; il s'adonne à la musique. Exemple unique dans les fastes de l'église, cet enfant de treize ans est fait cardinal. Dans ses voyages en Allemagne, en Flandre, en France, il recherche surtout la compagnie des savans, qu'il captive par son affabilité, et qui deviennent ses admirateurs, et quelques uns ses amis. Erasme, l'oracle du goût, de la critique et de la science de son siècle, est de ce nombre. Nourri dans le faste et la magnificence de la cour de Florence, le jeune prince de l'église porte à la cour de Rome ses habitudes de luxe et de profusion.

Enfin, c'est à trente-huit ans, dans toute la force de l'âge et l'activité du génie, que Jean de Médicis est couronné Pape. On comprend dès lors toute l'influence qu'il dut exercer sur des esprits déjà préparés, et le prodigieux développement des sciences, des arts et des lettres pendant la courte durée de son pontificat. On conçoit tout le zèle, le dévouement des savans et des artistes à seconder ses vues grandes et généreuses, comme aussi le nombre et la magnificence des travaux exécutés dans tous les genres, en aussi peu d'années.

A la voix du Pontife, Jean Lascaris et Marc Musure viennent à Rome pour y répandre la connoissance de la langue grecque; un collége de jeunes Grecs est fondé, et Lascaris est chargé de sa direction. Une imprimerie est établie dans le palais du Saint-Père, au Monte-Cavallo, pour multiplier les auteurs grecs, et Lascaris est préposé à la révision et à la correction des textes. Aug. Archimbold apporte du fond de la Westphalie un manuscrit des cinq premiers Livres des Annales de Tacite, que le protecteur des lettres ne croit pas payer trop cher au prix de 500 sequins, en faveur des études latines. Dès la première année de son Pontificat, à la date du 28 novembre 1513, Léon X avoit accordé à Alde Manuce, de Venise, un privilége de quinze ans pour le garantir des contrefaçons des ouvrages dont il étoit, ou se rendroit éditeur, comme aussi de la contrefaçon ou de l'imitation du caractère *italique* qu'il avoit inventé ou employé le premier (dans le *Virgilius* in-8, de 1501); le tout sous les peines d'excommunication et d'amende de cinq cents ducats d'or, envers les contrefacteurs [1]. C'est ainsi que l'art de l'imprimerie, qui ouvroit un monde nouveau et des idées nouvelles, recevoit dans les divers états de l'Italie, en

---

[1] On trouve le texte entier du privilége de Léon X et celui du pape Jules II, son prédécesseur, en faveur d'Alde l'ancien, dans les *Annales de l'Imprimerie des Alde*, 3e édition, 1834, in-8°, p. 506 et suiv. Je citerai plusieurs passages du premier, pour faire connoître dans quel esprit littéraire étoient alors conçus ces actes de l'autorité souveraine, qui sont devenus depuis des pièces insignifiantes de bureaux de chancellerie, aussi bien en France qu'en Italie. On retrouvera plus loin, dans le privilége accordé par François Ier à Conrad Néobar, vingt-cinq ans après, les mêmes sentimens de bienveillance et de sollicitude en faveur des lettres et de l'imprimerie; et je pense que ce rapprochement ne sera pas dénué d'intérêt, si l'on considère le peu d'estime que l'on fait aujourd'hui et de la typographie et des typographes.

LEO PAPA X. Universis et singulis, ad quos hæ nostræ pervenerint, Salutem, et Apostolicam Benedictionem.

Quoniam dilectus filius Aldus Manutius Pius Romanus, qui jam tot annos, pro virili de re literaria benemereri non cessat, in eoque genere, ac præsertim tum exacte emendandis, tum omni cura et studio imprimendis græcis latinisque libris; atque iis quidem literis in chalybem tam docte eleganterque incisis, ut calamo scriptæ esse videantur, magnos sumptus facit, magnos labores sustinet, ac propterea veretur, ne sua hæc industria, et labor, aliis, qui inde capere exemplum possent, lucrum magno suo cum damno pariat, Nobis humiliter supplicari fecit, ut ad eam rem pastoralem curam nostram adjicere dignaremur.

Nos igitur, qui literarum et omnium bonarum artium studiosos, quantum in Nobis fuit, semper fovimus et amplexi sumus, hujusmodi supplicationibus inclinati, ut hominum ingenia ad honestiores utilioresque rerum usus vel indagandos, vel inveniendos in dies magis excitentur, librique utriusque linguæ longe diligentius emendatiusque in studiorum manus emittantur, atque cum ipso Aldo, cujus doctrinam, et rectum ingenium, mirificamque diligentiam satis cognitam et perspectam habemus, commode benigneque agere cupientes, omnibus et singulis, ad quorum notitiam præsentes nostræ perve-

même temps que dans la capitale du monde chrétien, une protection et une impulsion aussi puissante qu'active et éclairée.

La plupart des Papes, dans le XVIe siècle, cultivoient eux-mêmes les lettres avec distinction, et honoroient les imprimeurs de leur protection; ils excitoient même leur zèle pour perfectionner les caractères, et rendre

---

rint, sub excommunicationis latæ sententiæ, in nostris vero, et Sanctæ Romanæ Ecclesiæ civitatibus, terris et locis degentibus, Nobisque et dictæ Ecclesiæ mediate vel immediate subjectis, præterea quingentorum ducatorum auri, et amissionis omnium librorum quos impresserint, incurrendis, cameræque nostræ apostolicæ applicandis pœnis, expresse inhibemus, ne per spatium quindecim annorum a tempore cujusvis libri, tam græci quam latini, quem ipse Aldus et antehac curavit, et posthac curaverit imprimendum iis characteribus, quos ipse invenit, vel edidit primus, et quibus adhuc usus est, vel quos in posterum invenerit, imprimere, vel imprimi facere; neve characteres eos quos cursivos, sive cancellarios appellant, imitari, et assimilatione adulterare, aut curare id per alios faciundum, librosque ejusmodi formis excudere, aut excusos venundare ullo modo præsumant; atque eas ipsas pœnas incidere eos volumus, penes quos id genus libri venales reperirentur....

Volumus autem, et Aldum ipsum in Domino hortamur, ut libros justo pretio vendat, aut vendi faciat, ne his concessionibus nostris ad aliam, quam honestum est, partem utatur, quod tamen eum pro sua integritate, atque in Nos observantia curaturum plane confidimus.

Datum Romæ, apud Sanctum Petrum sub Annulo Piscatoris, die XXVIII *novembris*, M. D. XIII. *Pontificatus Nostri anno primo.*

P. BEMBUS.

La dernière clause de ce privilége par laquelle le Pape enjoint à Alde, et l'exhorte au nom du Seigneur, de vendre ses livres à un prix raisonnable, se confiant d'ailleurs à sa probité, pour user loyalement du privilége qui lui est accordé, me fournira le sujet de plusieurs observations sur les prix, la valeur et le commerce actuel des livres, dans la seconde Partie de l'ouvrage intitulé : *Instructions et conseils typographiques et littéraires*, dont je m'occupe en ce moment.

ainsi la lecture des auteurs plus agréable et plus commode, *quæ res studiosorum animos non solum vehementer delectat, sed etiam mirum in modum ad studia accendit.* C'est ce que dit le privilége du pape Jules II à Alde l'ancien.

Pie IV appela à Rome, en 1561, Paul Manuce fils de l'Ancien ; il lui confia le soin d'ériger une imprimerie [1], et en fit tous les frais, se chargeant également

---

[1] C'est cet établissement que l'on a qualifié dans ces livres historiques et bibliographiques qui ne sont que des découpures les uns des autres, d'imprimerie du Capitole, et même du Vatican, parce que certaines éditions de Paul Manuce, imprimées à Rome, portent l'indication *In ædibus Populi Romani.* Mais il est constant, d'après les Lettres de Paul Manuce lui-même, que son imprimerie étoit établie dans une maison particulière, qui dépendoit probablement de la municipalité de Rome, puisqu'elle fut vendue pour subvenir en partie aux dépenses du Ponte Sisto. Les *Populani magistrati*, les magistrats du Peuple, avoient en outre, dans cette imprimerie, une part d'intérêts qu'ils affermèrent pour sept ans. Cette circonstance, ainsi que les autres faits rapportés dans les *Annales de l'Imprimerie des Alde*, pag. 445 de la troisième édition, expliquent le sens véritable qu'il faut donner à ces mots : *In ædibus Populi Romani.*

Dans deux volumes différens d'un même ouvrage, la *Biographie universelle*, véritable œuvre complète de confusions, d'erreurs, de contradictions en tous genres, dans les faits, les noms et les dates, on trouve à l'article *Pie IV*, que l'imprimerie fondée par ce Pape fut établie au Vatican, et à l'article *Paul Manuce*, qu'elle le fut au Capitole, et sous le pontificat de Paul IV, qui mourut en 1555! Il est vrai que le premier de ces articles est signé D-s, et le second W-s, c'est-à-dire qu'ils n'ont pu être ni coordonnés, ni rectifiés l'un par l'autre, étant l'ouvrage de deux plumes très distantes l'une de l'autre. Au reste, il ne paroît pas possible qu'un livre du genre de celui de la *Biographie universelle*, rédigé par un aussi grand nombre de collaborateurs, n'abonde pas en erreurs et en contradictions, quand les sources historiques elles-mêmes sont si diverses et si contradictoires. Et si l'on ajoute aux difficultés et aux embarras d'une pareille ré-

de toute la dépense des impressions. Il lui assigna un traitement de 500 ducats d'or par an; et comme Paul Manuce ne demandoit que 200 ducats pour l'indemnité

---

daction, les fautes innombrables qui sont du ressort de l'imprimerie, il faut en conclure qu'une bonne *Biographie universelle* est un livre infaisable, quoiqu'il soit éminemment utile, vu la quantité toujours croissante de volumes qui s'impriment chaque jour.

On peut juger de l'étendue des difficultés que présente, sous ce rapport de concordance et d'exactitude, une composition littéraire de quelque importance, par un exemple tiré des *Annales de l'Imprimerie des Alde*, au sujet même de l'emplacement de l'imprimerie de Paul Manuce, à Rome. Assurément ce livre, parvenu à sa troisième édition, a été consciencieusement traité, élaboré, et perfectionné par son persévérant auteur. Cependant on lit, page 188 de cette troisième édition, une note qui commence ainsi : « On sait que le Pape avoit placé Paul Manuce et son imprimerie dans le Capitole. » Et page 445 de la même édition, l'auteur réfute cette assertion, d'après les documens qu'il a mis lui-même en lumière. « Rien ne me fait croire, dit-il, que ces mots, *in ædibus Populi Romani*, désignent ce qu'on nomme aujourd'hui le Capitole. » Il est évident que les recherches de l'auteur lui ont procuré des renseignemens qu'il a insérés dans la Vie de Paul Manuce, sans se ressouvenir de la note du catalogue des livres de cet imprimeur, écrite dans sa première édition de 1803, à trente-un ans de distance de la troisième de 1834. Il faut le dire encore : la comparaison que j'ai faite de l'édition de 1803 avec l'Édition de 1834, des *Annales de l'Imprimerie des Alde*, m'a fait reconnoître que l'erreur de la *Biographie universelle*, où l'on trouve *Paul IV* au lieu de *Pie IV*, dans l'article de Paul Manuce, provient de ce que M. Weiss, auteur de cet article, a pris pour guide la première édition des *Annales* de 1803, qui porte la même erreur, p. 95, tome II, mais rectifiée à la page 446 de la troisième édition. En faisant ces remarques sur un livre aussi savamment conçu qu'exécuté, et qui restera un modèle de la science bibliographique de notre temps, il est loin de ma pensée de vouloir en atténuer le mérite. J'ai l'espoir, au contraire, que ces taches légères, dans un pareil livre, deviendront un commencement d'excuse pour les fautes du même genre que je n'aurai pu éviter en parcourant tout le cercle que je me suis tracé.

de son déplacement, le cardinal Morone, l'un de ses protecteurs, voulut qu'il lui en fût donné 300.

Le Pape lui-même veilla avec la plus vive sollicitude au bien-être de l'imprimeur, et au succès de l'établissement. « Nous voulons, dit-il dans un consistoire de « trente cardinaux, que l'on ne ménage rien pour don- « ner à Manuce des correcteurs qui l'aident dans ses « travaux, afin que sa foible santé n'en souffre pas. Ayez « soin, » ajouta le Saint-Père en s'adressant aux trois cardinaux que Paul Manuce appelle ses meilleurs amis[1], « que rien ne lui manque, ni à l'imprimerie, « parce que nous voulons en faire un établissement des « plus honorables. » Paul Manuce, touché comme il devoit l'être de cette affectueuse attention du Pape pour sa santé, adresse à son frère cette réflexion bien naturelle : « Voyez donc si mon père auroit pu parler pour « moi en des termes plus tendres ; » et il ajoute : « J'ai « voulu vous donner ces détails comme une consolation, « et pour vous dire que notre maison n'a jamais été en « si grande réputation qu'elle l'est à cette heure. Et si « je vis, elle le sera beaucoup plus encore. C'est pour « cela que Dieu m'a conservé après tant de maladies et « tant de travaux. »

Cette imprimerie Pie-Manucienne continua d'être dirigée par Paul Manuce presque jusqu'à la fin de ses

---

[1] Paul Manuce a conservé les noms de ces trois cardinaux, et ces noms sont bien dignes d'être répétés. Ce sont les cardinaux Morone, Mula, et Trani (*Lettere di Paolo Manuzio copiate sugli autografi esistenti nella Biblioteca Ambrosiana, Parigi*, 1834, in-8°, pages 66 et 67).

jours en 1573 ; et douze années après, Sixte-Quint fondoit, au Vatican même, une bibliothéque et une imprimerie qui ont éternisé son règne de cinq ans. On sait tout ce que ce Pape habile et infatigable parvint à exécuter dans ce court espace de temps ; et malgré les affaires si nombreuses de son gouvernement spirituel et temporel, il trouvoit le temps de donner des soins à une édition de la Vulgate, et en corrigeoit lui-même les épreuves. C'est encore un des Alde que l'on retrouve en 1597, à la tête de cette imprimerie fondée par Sixte-Quint. Ainsi, cette famille de savans imprimeurs qui avoit commencé à s'illustrer à Venise avec le XVIe siècle, s'éteignit avec lui sur le Vatican ; mais leurs noms restent impérissables.

Cette protection éclatante et soutenue que les princes d'Italie, et surtout les Papes, accordèrent à l'imprimerie dès son berceau, tenoit certainement à un sentiment judicieux et élevé ; mais la politique de l'Église, et la nécessité de se prémunir contre les effets d'une nouvelle puissance *spirituelle,* n'y furent pas non plus étrangères. En examinant le côté philosophique des progrès de l'imprimerie en Italie et en France, au XVIe siècle, on ne peut méconnoître, d'après la nature des événemens, la situation politique de l'Europe, l'état moral des peuples à cette époque, que la force des choses, encore plus que la bienveillance des souverains, ou leur amour pour les lettres grecques et latines, devoit donner un grand essor à l'imprimerie, et que la volonté contraire, qui s'est long-temps manifestée en France, devoit être impuissante à l'enchaîner. La position géographique du pays, les événemens de la guerre, les savans grecs expatriés, la diversité des états et des princes rivaux, la forme démocratique des gouvernemens, une littérature nationale peu développée, la littérature antique du même sol aussi riche que variée; voilà ce qui fit, à sa naissance, l'imprimerie de l'Italie presque toute grecque et latine[1]. Elle fut environnée

---

[1] La question de prééminence entre les typographies Italienne et Française au XVIe siècle, offriroit un sujet de discussion littéraire assurément des plus classiques; mais cette question ne sera probablement jamais résolue, d'abord parce qu'elle nécessiteroit la réunion complète de toutes les pièces qui concernent les Estienne en un corps d'ouvrage aussi complet, aussi bien ordonné que l'est celui des *Annales des Alde*, ce qui entraîneroit peut-être une trentaine d'années de recherches; et, en second lieu, parce que l'examen raisonné et approfondi du mérite littéraire et typographique de toutes les éditions des Alde comparées à toutes celles des Estienne, exigeroit l'érudition la plus vaste, unie aux connoissances les plus étendues en imprimerie; ce qui ne se rencontrera probablement pas de nos jours.

L'auteur des *Annales de l'Imprimerie des Alde*, qui n'a point abordé cet examen comparatif, s'est contenté d'émettre une opinion personnelle, qu'il résume en ces termes: « A tous égards, Alde « l'Ancien occupe et occupera *peut-être* (édition de 1834, page 401) « long-temps encore, et sans aucune exception, le premier rang parmi « tous les imprimeurs anciens et modernes. » Il étoit bien naturel qu'une opinion formulée d'une manière aussi décisive fût relevée par le typographe français qui le premier en trouveroit l'occasion. En 1806, M. Firmin Didot ajouta à la suite de sa traduction en vers français des *Bucoliques* (in-8°), une *Note bibliographique et typographique* sur quelques vers de la Xe idylle de Théocrite, imités par Henri Estienne, et cette note occupe dix-neuf pages en petits caractères, parce que l'auteur a voulu étayer, par un commencement de preuves, son opinion, qui est entièrement opposée à celle de l'auteur des *Annales*. Cette opinion est ainsi énoncée: « Je ne crois pas qu'Alde Ma« nuce puisse, sous aucuns rapports, soutenir la comparaison avec « Robert Estienne. » On peut se faire une idée, d'après la note de

de nombreux bienfaiteurs, et ses progrès furent aussi rapides que brillans.

Il ne pouvoit en être de même en France. Ulric Gering, qui établit en 1470 la première imprimerie à Paris, où il exerça pendant quarante ans, resta toujours sous le patronage ou la dépendance de la Sorbonne. Pendant les quatre premières années, ses travaux typographiques avoient été utilement dirigés par ses deux amis Fichet et de La Pierre, et appropriés aux besoins des études latines. Mais Fichet, lorsqu'il étoit recteur de l'Université, avoit osé résister à un

---

M. Firmin Didot, de l'immensité du travail qu'exigeroit l'examen littéraire et artistique de cette question de *précellence* entre les Alde et les Estienne. L'érudition profonde de l'auteur de la *Note bibliographique et typographique*, dans les langues grecque et latine, et sa prodigieuse mémoire, qui me sont parfaitement connues; ses talens dans la gravure des poinçons et la pratique de la fonderie, ainsi que son habileté dans toutes les parties de l'exécution typographique, qui sont connus de tout le monde, lui auroient permis mieux qu'à tout autre d'entreprendre un si glorieux travail, qui, on peut le craindre, restera peut-être à jamais regrettable pour la France.

L'auteur des *Annales des Alde*, qui, dans sa troisième édition de 1834, a reproduit son opinion avec le seul correctif du mot *peut-être*, l'a motivée dans une note ainsi conçue (p. 401) : « Je suis historien, « j'examine la vie et les œuvres de mon héros; je ne vois rien qui « puisse l'égaler, ni lui être mis en comparaison; je dois donc lui « assigner la *première place*. Qu'un autre fasse plus et mieux, dès « lors le *premier rang* sera le sien, et Alde Manuce descendra au « second. »

D'un autre côté, à la page 6 de la même édition des *Annales* de 1834, dans la note sur le *Théocrite* d'Alde Manuce, de 1495, on lit : « Mon admiration pour la savante et illustre famille des Estienne, le « respect et la reconnoissance qu'avec tout ami des lettres, j'ai pour « ses innombrables travaux, et enfin la partialité dont l'homme le

ordre de Louis XI qui vouloit armer les étudians pour la défense de Paris, au temps de la guerre dite *du bien public;* et quoique ce Roi fût lettré, il ne l'étoit pas assez pour pardonner au restaurateur de l'éloquence et de la bonne latinité dans les écoles d'avoir réclamé et maintenu les priviléges de l'Université. Plusieurs années après, Louis XI l'obligea de sortir du Royaume. La Pierre ayant aussi quitté la France, Gering, resté seul, fut plus que jamais soumis à l'influence de la Sorbonne, qui étoit bien éloignée de faire servir ses presses à la propagation des études grecques. Aussi le dicton *græcum est, non legitur,* fut-il pendant de longues années

---

« plus droit ne peut guère se défendre pour les personnes et les choses « qui tiennent à sa patrie, toutes ces considérations ne peuvent m'em- « pêcher de reconnoître que si les éditions grecques des Estienne « *sont, en général, plus élaborées, et souvent plus correctes que celles* « *des Alde,* il n'est pas moins évident que les Estienne arrivèrent « lorsque les premiers efforts étoient faits, lorsque le terrain étoit en « partie défriché. » Enfin, l'auteur des *Annales* termine sa note mitigative par cette sage observation : « Ce qui ne laisse aucune incerti- « tude, c'est que les deux parties sont éminemment estimables,.... et « qu'on ne sauroit manquer (selon l'expression de La Fontaine) en « adjugeant une double palme aux illustres familles qui, pendant le « cours du même siècle, furent l'honneur de la typographie Française « et Italienne. » S'il m'est permis d'émettre mon sentiment dans cet honorable débat, c'est que la nouvelle note de la page 6 de la troisième édition des *Annales,* exigeoit le sacrifice complet de la phrase d'éloge exclusif, à la page 401 de la même édition de 1834, éloge que l'écrivain judicieux des *Annales* ne pouvoit manquer d'amender après les remarques péremptoires de M. Firmin Didot. Et en ce qui touche l'avantage qu'auroient eu les Estienne de n'imprimer du grec que cinquante ans après les Alde, le lecteur trouvera ci-après expliqué quelle part de mérite on peut attribuer aux Alde pour avoir devancé les Estienne dans ce genre d'impression.

encore en usage dans l'Université, où, selon Ramus, Galand, Lambin et autres savans du règne de François Ier, on connoissoit à peine les noms d'Homère, de Platon, de Thucydide; on discouroit beaucoup sur Aristote, mais on ne le lisoit que dans des versions défigurées et barbares. L'Italie étoit déjà bien loin de cette ignorance des lettres grecques; mais aussi elle n'avoit pas de Sorbonne.

Elle n'avoit pas non plus une littérature indigène, abondante, gracieuse, enjouée et piquante, poétique, morale et historique, qui avoit fait pendant plus de trois siècles les délices de la nation. Aussi les premiers imprimeurs parisiens durent-ils employer d'abord leurs presses à multiplier ces ouvrages si renommés, dont le nombre de manuscrits étoit si restreint, et les exemplaires si chers. C'est ce qu'ils firent avec autant de zèle que de bonheur, car ils procurèrent aux écrivains qui surgirent en foule, l'avantage de pouvoir exploiter d'abord nos propres domaines littéraires, et de les fertiliser ensuite à l'aide des sources pures et fécondes de l'antiquité. Les progrès rapides de la langue et de la littérature française, et sa perfection au XVIIe siècle, qu'aucune autre nation n'a pu atteindre, attestent cet immense service des premiers imprimeurs de Paris, qui laisse loin derrière lui l'honneur de quelques éditions *princeps* grecques et latines de l'Italie. Et ce qui est à remarquer, c'est que l'empressement de nos premiers imprimeurs à mettre au jour notre littérature primitive ne fut pas dirigé ou excité par la protection et la faveur des Rois ou des grands seigneurs; ce fut l'instinct, le goût et l'intelligence des lecteurs, qui donnèrent cette impulsion aux presses [1]. Dès 1475, Pierre Caron, Pasquier Bonhomme, Antoine Vérard, Michel Lenoir, Jean Tréperel, et d'autres, imprimoient par centaine d'ouvrages, les anciens romans de chevalerie, les vieilles chroniques françaises, nos historiens et nos poètes des siècles antérieurs.

Cependant l'imprimerie parisienne ne faisoit pas défaut au service des lettres latines. Les livres de religion et de doctrine surtout, en même temps que les ouvrages d'enseignement, occupoient un grand nombre de presses. Jodocus Badius Ascensius, qui avoit étudié les langues grecque et latine à Ferrare, et qui les avoit professées en France, avant de venir à Paris, en 1498, composoit et imprimoit des commentaires sur presque tous les auteurs latins. Mais les éditions grecques se multiplioient en Italie, et pénétrant bientôt en France, elles y excitèrent le goût des études grecques, qui se montra d'autant plus vif, qu'il étoit plus comprimé. Le prix de ces éditions transalpines, modéré dans le pays, devenoit d'ailleurs très élevé en France, par l'industrie du commerce [2]. Le moment étoit donc venu d'exploiter cette nouvelle branche de littérature; et en 1507, Gilles Gourmont commença à imprimer, en grec, les ouvrages que réclamoient les premiers be-

---

[1] Le jeune duc de Valois, depuis François Ier, étoit surtout épris de la lecture des romans de chevalerie.

[2] *Hactenus magna fuerat penuria, et grande pretium græcorum librorum, quos e Venetia studiosi coëmere volebant.* (Maittaire, *Ann. typog.*, tomi 2[di] pars prior, p. 95.)

soins de l'instruction, comme l'avoit fait à Venise Alde l'ancien.

Gourmont fut soutenu dans cette entreprise hardie, par le zèle, le désintéressement et le courage d'un professeur de l'université, François Tissard, natif d'Amboise (*Franciscus Tissereus, Ambacœus*) [1]. Il falloit en effet une certaine force de caractère pour braver aussi ouvertement que le fit cet honorable professeur le blâme et l'animadversion du clergé, quand on voit, plus de quarante ans encore après, que les théologiens traitoient d'hérétiques ceux qui savoient un peu de grec. Conrad d'Heresbach, homme droit, bon catholique et de mœurs paisibles, rapporte qu'il entendit un moine prononcer ces paroles en chaire [2] : « On a

---

[1] Tissard, qui avoit passé trois ans en Italie pour se perfectionner dans l'étude des langues, « *Affirmabat, apud Italos id in dedecus Parisiensi Academiæ verti, quod ei græcæ deessent litteræ.* (Maittaire, *Annales typog., ut supra.*)

[2] Cité par Gaillard, *Histoire de François Ier*, tom. IV, pag. 177, édition de 1819. Conrad d'Heresbach, qui étoit très versé dans les langues grecque et hébraïque, présente un de ces nombreux exemples du désordre qui a régné dans la rédaction de la *Biographie universelle.* Son article s'y trouve deux fois : d'abord dans le tome IX, sous le nom de Conrad, *né à Heresbach, dans le duché de Clèves, le 2 août* 1496, mort à Wesel, le 14 octobre 1576 ; et dans le tome XX, sous le nom de Heresbach (Conrad), *né en* 1509, *à Heresbach, dans le duché de Clèves*, mort à Lorinsaulen, le 14 octobre 1576, âgé de soixante-sept ans. Les deux articles sont cependant rédigés par le même écrivain, et quoiqu'ils soient identiques quant au personnage, ils diffèrent par des détails contradictoires. Mais Conrad d'Heresbach, que l'on a souvent cité pour la singulière apostrophe à la langue grecque, qu'il rapporte avoir entendue d'un prédicateur, est devenu le sujet d'une méprise, déjà reproduite plusieurs fois, et qui se reproduira sans doute long-temps encore dans les livres. Comme cette

« trouvé une nouvelle langue que l'on appelle *grecque;* « il faut s'en garantir avec soin, car cette langue en- « fante toutes les hérésies; quant à la langue hébraïque, « tous ceux qui l'apprennent deviennent Juifs aussi- « tôt. » Tissard ne compromettoit donc pas seulement sa fortune, dont il aidoit son imprimeur; il s'exposoit encore à de violentes persécutions en publiant, en 1507, un *Alphabetum græcum,* accompagné de divers

---

méprise porte sur un fait qui se rattache à l'époque de la renaissance des lettres, il ne sera pas hors de propos de la signaler ici, et de montrer par-là comment, de nos jours, on en agit avec ces pauvres lettres. — Dans le *Poëme de la Typographie*, par M. L. Pelletier (Genève, 1832, in-8°, pages 56 et 57), on lit une citation de laquelle il résulteroit que « Conrad lui-même, le moine d'Heresbach, auroit prononcé, devant un auditoire, un anathème contre la langue grecque, et que c'étoit l'instinct d'un clergé fanatique qui lui faisoit proscrire l'étude des lettres anciennes. » M. Pelletier indique sa citation comme prise à la *Revue britannique*, n° 46, p. 254-255, et la *Revue* renvoie à son tour au *Quarterly Review,* dans lequel se trouve, en effet, à l'article qui a pour titre, *State and prospects of the country* (t. XXXIX, p. 477, avril 1829), cette subversion historique, qui paroît avoir pour auteur M. Southey, le poète lauréat. Quoi qu'il en soit, cette erreur est d'autant plus grave, que Conrad d'Heresbach n'étoit pas moine, mais conseiller intime du duc de Clèves, emploi qu'il exerça pendant plus de trente ans; que, loin de vouloir proscrire l'étude des langues anciennes, il fut un des savans du XVIe siècle qui montrèrent le plus de zèle pour en répandre le goût et la connoissance; que c'est lui qui rapporte ce fait d'un moine qui déclamoit en chaire contre le grec, et déplore l'aveuglement du clergé; enfin, c'est qu'il a écrit spécialement une apologie des lettres grecques : *De laudibus græcarum litterarum.* Ajoutez qu'il fut lié d'amitié avec Érasme et Mélanchton. Voilà donc comment l'imprimerie fait et défait les réputations! Quand on considère la multitude d'erreurs que les livres enfantent chaque jour sur les hommes et les choses, on peut justement s'effrayer de l'étrange confusion dans laquelle se trouvera toute la littérature d'ici à quelques siècles; et très probablement la vérité historique et litté-

traités d'auteurs grecs[1]; une *Grammaire grecque de Chrysoloras*, déjà imprimée en Italie depuis près de vingt-cinq ans; et en 1508, la première *Grammaire hébraïque*, composée par Tissard lui-même, celui de tous les auteurs qui ait le plus heureusement peut-être avisé une Dédicace; car il l'adressa au duc de Valois, depuis François Ier, qui n'avoit alors que quatorze ans;

---

raire sera-t-elle plus difficile à établir qu'avant la découverte de l'imprimerie.

[1] Les premières éditions grecques de Gourmont portent en souscription : *Operoso huic opusculo extremam imposuit manum Ægidius Gourmontius, integerrimus ac fidelissimus primus, duce Francisco Tissereo Ambacœo, græcarum litterarum Parisiis impressor. Anno Domini....* Au frontispice il mettoit : *Venales reperiuntur in vico Sancti Joannis Lateranensis, e regione Cameracensis collegii, apud Ægidium Gourmont diligentissimum et fidelissimum.* Ces expressions *integerrimus ac fidelissimus impressor* sont remarquables. Elles ne doivent pas être prises pour un éloge malséant que se seroit donné l'imprimeur; mais il lui importoit beaucoup que ses éditions grecques, dès le début, ne fussent pas suspectées d'infidélité ou d'incorrection, comme on le reprochoit à certaines éditions d'Italie et des Alde mêmes, ce qui auroit parfaitement servi les intentions malveillantes des ennemis de la littérature grecque. Gourmont étoit savant dans les langues grecque et latine. Il pouvoit dire qu'il mettoit la dernière main à ses éditions, c'est-à-dire qu'il en corrigeoit les épreuves, après la révision de Tissard, qui avoit préparé et fourni les textes. Gourmont avoit mis pour insigne à ses livres trois couronnes, avec cette devise, qui restera pleine de sens et de vérité dans tous les temps :

Tost ou tard, près ou loing,
A le fort du foible besoing.

Un autre imprimeur du même temps, Philippe Pigouchet, annonçoit sur ses livres qu'ils étoient imprimés *charactere nitidissimo et jucundissimo*. C'est cette émulation pour le bien et pour le beau qui a donné tant de relief à la typographie parisienne au XVIe siècle. *Quantum mutata!...*

et cette nouveauté d'une *Grammaire hébraïque*, qui fit grand bruit alors, fut remarquée comme un premier signe d'alliance du jeune prince avec les lettres.

C'étoit sous Louis XII que ce généreux et digne professeur donnoit cette nouvelle impulsion à l'imprimerie de Paris, et répandoit des semences qui devoient être un jour si productives[1]. Tout se préparoit d'ailleurs pour faire triompher la liberté des lettres contre cette puissance formidable, retranchée dans la chaire, dans les monastères et les cloîtres, et qui les y avoit si long-temps retenues captives. Elle jugeoit bien que sa domination étoit prête à tomber, et elle tentoit des efforts désespérés pour en retarder la chute; mais la presse étoit debout; et François Ier monta sur le trône le 1er janvier 1515.

Dès lors on vit ce jeune monarque « entouré de sa-« vans et occupé du progrès des lettres; mais ce qui

---

[1] Un Italien, Jérôme Aleandre, qui, à l'âge de vingt-quatre ans, passoit pour l'un des plus savans et des plus habiles professeurs de son temps, fut appelé en France par Louis XII, en 1508, pour enseigner les lettres grecques et latines dans l'Université de Paris. Il dut à ses succès dans cet enseignement la dignité de recteur, qu'il obtint le 23 mars 1513, malgré sa qualité d'étranger. En 1538, le pape Paul III le créa cardinal. Il avoit, en 1512, publié un *Lexicon græco-latinum*, in-fol., qui fut aussi imprimé par Gilles Gourmont; et l'on conçoit toutes les difficultés qu'il dut rencontrer, comme il le dit dans son Épître au lecteur, pour faire exécuter l'impression d'un pareil livre. On rapporte que ce Dictionnaire grec, recueilli et rédigé par plusieurs élèves d'Aleandre, fut imprimé à leurs frais communs. Les goûts et les occupations de la jeunesse ont bien changé de nature depuis cette époque, et l'on ne voit aujourd'hui de souscriptions et d'associations que pour des œuvres qui sont bien loin d'être littéraires.

« le distingue de tant de protecteurs plus zélés qu'éclai-« rés, c'est le choix qu'à vingt ans il savoit faire de ces « savans, le parti qu'il savoit en tirer, l'art qu'il avoit « de les rendre utiles [1]. » Cependant il n'en resta pas moins dominé par une passion que les lectures favorites de son jeune âge avoient aisément excitée dans un cœur ardent, brave et généreux. « François Ier, dit « un historien sévère, mais judicieux et impartial, puisa « presque sa seule instruction dans les Romans de Che-« valerie [2]. Il se forma sur les héros de la Table ronde

---

[1] *Histoire de François Ier*, par Gaillard, tom. IV, pag. 148; édit. de 1819.

[2] Un autre historien donne une idée différente de l'instruction de François Ier : Il fut élevé, dit-il, au collége de Navarre, et fit assez de progrès dans les lettres pour les aimer toute sa vie. Il apprit peu de latin, mais la réflexion lui fit sentir l'utilité des langues ; aussi en favorisa-t-il toujours l'étude, comme la base de toute littérature. (Gaillard, *Histoire de François Ier*, t. IV, pag. 148.) — Pierre Du Châtel, évêque d'Orléans, et grand-aumônier de France, prononça l'oraison funèbre de François Ier, dans Notre-Dame, le jour même des funérailles, le 23 mai 1547, devant une nombreuse assemblée, composée des plus éminens personnages du royaume. Voici comment il parle de l'instruction et des connoissances de François Ier; et il n'est pas permis de croire, qu'en présence d'un auditoire qui avoit parfaitement connu le Roi, l'orateur ait outrepassé la vérité autant qu'on pourroit le supposer d'après la force de l'éloge. « Son estude et sa volonté de sçavoir estoit telle, que dès le commencement de son jeune âge, il n'a jamais cessé de faire lire devant luy les livres sacrez, les histoyres, faire translater, faire disputer continuellement à sa table, en beuvant et mangeant, à son lever, à son coucher, des plus intérieures choses et plus difficiles de l'érudition grecque, latine et hébraïque, et en tous genres et espèces d'autheurs et de lettres tant sacrées que profanes : la mémoire si retenante, que je croy certainement, qu'en ce monde n'en y ait telle pour le présent, dont est venu le sçavoir inestimable duquel estoit plein. »

« et du palais de Charlemagne, non sur ceux de l'his-
« toire ; il voulut briller comme un Amadis, plutôt que « comme un souverain [1]. »

Ce fut l'Italie que le jeune roi choisit pour le champ de ses exploits. François Ier savoit que cette contrée étoit plus civilisée que le reste de l'Europe, et qu'elle étoit regardée comme la dispensatrice de la gloire ; c'est ce qui le détermina « à tourner toujours ses « armes de ce côté. » Tel est le mobile que l'auteur de *l'Histoire des Français* [2] prête aux guerres de François Ier ; mais la France et l'Italie payèrent chèrement cette poursuite d'une gloire rivale. Quoi qu'il en soit, François Ier sut mettre à profit, dans l'intérêt des lettres et des arts, les succès de ses premières armes. Il est possible que son entrevue avec Léon X, à Bologne, dès le 10 décembre 1515, n'ait pas été sans influence pour le porter à une autre conquête, celle du titre de *protecteur des lettres*, qu'il affectionna surtout dans la suite. Il accueillit un grand nombre de savans et d'artistes proscrits ou réfugiés d'Italie ; il leur donna des emplois, des travaux ou des pensions. S'il ne put réussir à attirer Erasme à sa cour, malgré de longues négociations, appuyées des offres les plus brillantes, il ne laissa pas échapper l'occasion d'attacher à la France une célébrité littéraire qui rivalisoit avec celle du savant hollandais. Jules César Scaliger reçut des lettres de na-

---

[1] *Histoire des Français*, par M. Simonde de Sismondi, tom. XVI, pag. 3.

[2] *Ibid.*, tome XVI, pag. 353.

turalité [1], et pendant trente ans de travaux et de débats littéraires, cet Italien répandit et excita dans sa nouvelle patrie le feu des études, que son fils Joseph, non moins actif et laborieux, entretint après lui avec la même ardeur et les mêmes succès. Tous les Français distingués par leur érudition obtenoient des faveurs, devenoient les familiers du Roi, et formoient son cortége ordinaire. Estienne Poncher, Guillaume Cop, Pierre Du Châtel, Guillaume Pelissier, Jacques Colin, les trois Du Bellay, Pierre Danès, Guillaume Budé, et d'autres encore, s'asseyoient à sa table, et composoient son conseil des lettres. Budé, le plus zélé, le plus per-

---

[1] Les lettres données par François Ier à Scaliger diffèrent très peu dans la forme et le style de celles qui avoient été délivrées cinquante-quatre ans auparavant par Louis XI aux trois premiers imprimeurs de Paris. Comme les lettres de François Ier sont insérées en entier dans le *Dictionn. hist. de Bayle*, sous l'article Vérone, je n'en rapporterai que le préambule.

« François, etc. Sçavoir faisons, etc. Nous avoir receu l'umble sup-
« plication de nostre chier et bien-amé Julius Cæsar de l'Escalle de
« Bordoms, docteur en médecine, natif de la ville de Vérone en
« Italie, contenant que depuis quatre ans en çà ou environ, il s'est
« retiré en cestuy nostre royaume, en la ville d'Agen en Agenois,
« en intention et totale résolution d'y finer le reste de ses jours, en
« laquelle ville et ez environs ledit suppliant a acquis une maison et
« plusieurs autres biens. Mais parce qu'il est estranger, et non natif
« de nostre dit royaume, il doubte que ès biens qu'il y peult avoir
« acquis et espère acquérir, ensemble en ceulx qui par ses parens
« ou autres luy pourroient advenir ou escheoir cy-après, nos officiers
« et aultres prétendans iceulx biens à nous appartenir par droict
« d'aubaine ou aultrement, luy voulsissent donner quelque trouble
« ou empeschement, s'il n'estoit par nous habilité et dispensé quant
« à ce, en nous umblement requérant luy impartir sur ce nos grâce
« et libéralité. Pourquoy, Nous, ces choses considérées, etc... »

sévérant parmi tant d'hommes dévoués à l'avancement des études, ne cessoit de solliciter François Ier d'accomplir le projet qu'il avoit conçu lui-même de fonder un collége royal [1]. Le plan en fut enfin arrêté : en 1530, le Roi nomma les professeurs, et leur assigna des traitemens. Ils commencèrent dès lors à donner des leçons gratuites ; mais les bâtimens du collége ne furent pas même commencés de tout le règne [2]. Deux chaires seulement furent d'abord pourvues de professeurs, celles de grec et d'hébreu. Pour le latin, la chaire fut laissée vacante jusqu'en 1534, afin que les leçons de l'Université, qui coûtoient cher aux étudians,

---

[1] Dans l'Épître au Roi des *Commentarii linguæ græcæ*, Budé dit : « Ce projet, qui doit éterniser la mémoire de votre règne, c'est « vous, Sire, qui l'avez conçu ; aucun de nous ne peut réclamer l'hon- « neur de vous l'avoir suggéré. »

[2] François Ier n'en est pas moins regardé, et avec raison, comme le fondateur du Collége royal, parce que cette institution est son ouvrage : il l'avoit conçue, et mise en activité : les murs ne sont pour rien dans la pensée créatrice d'une institution. Les professeurs royaux donnoient des leçons publiques dans les divers colléges de l'Université; ce ne fut que sous Louis XIII, en 1610, que l'on commença les constructions du Collége royal, aujourd'hui Collége de France.

Au reste, comme certains écrivains se sont évertués, dans ces derniers temps, non pas seulement à ternir, mais à outrager la mémoire de François Ier, surtout en ce qui touche son titre de *Père et Protecteur des Lettres*, il me semble convenable de restituer à ce prince tous ses droits à la reconnoissance publique, chaque fois que l'occasion peut s'en présenter. C'est dans cette vue que je citerai ici un considérant de Lettres-patentes de Charles IX, qui se rapportent à l'institution du *Collége royal*. L'éloge donné par un roi à son prédécesseur, vingt ans après sa mort, ne peut être suspect d'adulation, et l'on doit croire que cet éloge n'est que l'expression bien réelle de l'opinion publique, et d'un sentiment de gratitude générale pour le prince qui en

ne fussent pas tout à coup désertées. Car l'orgueil universitaire eut beaucoup à souffrir de cet enseignement rival, et de la renommée des professeurs royaux, qui attiroit un grand concours d'auditeurs. Toutefois cette concurrence eut des effets salutaires, et tout le corps enseignant, après quelques vifs débats, n'eut plus d'émulation que pour le bien général des études.

De leur côté les imprimeurs de Paris, membres et officiers de l'Université, et alors bien dignes de l'être par leurs connoissances, leur habileté et leur zèle, montrèrent une louable activité, dans le mouvement général qui se manifestoit en faveur des lettres et de l'instruction; nulle part il ne s'imprimoit un plus grand

---

est l'objet. Voici ce considérant: « Le feu roy François, nostre très « honoré Seigneur et ayeul, *ayma tant en son vivant les lettres*, qu'il « voulut qu'en l'Université de Paris y eust des professeurs à ses gages « en toutes langues et sciences. Ce qui succéda si heureusement, que « les plus doctes personnages de l'Europe ont esté appelez à ladite « profession, et fait un si grand fruict, *qu'il est sorty un nombre infini « de gens doctes, qui par tout le monde ont tesmoigné la grandeur « de nostre ayeul.* Ce qui a esté continué par feu nostre très honoré « Seigneur et Père, et nous avions un même désir et volonté : et « vacant une place de professeur aux mathématiques, nous aurions « donné ladite place à un qu'on nous avoit dit estre suffisant et ca- « pable : mais nostre bien-aimé maistre Pierre de La Ramée, doyen « de nos professeurs, voyant que contre nostre désir, celuy que nous « avions pourveu de ladite place estoit incogneu, et son érudition « cachée, et que voulant faire quelques leçons, il se seroit monstré « ridicule : en auroit présenté requeste à nostre cour de Parlement, « faisant entendre la surprinse dommageable à toute la République, « afin que celuy qui se disoit pourveu fust examiné, ce que par ladite « cour auroit esté ordonné : que nous aurions trouvé bon et raison- « nable. » Ce professeur intrus se nommoit Dampestre; il résigna.

nombre de livres latins, avec autant d'élégance et de correction; mais la typographie grecque restoit toujours en arrière; et sa coopération étoit regardée comme indispensable pour que les leçons des professeurs royaux ne fussent pas stériles. Le conseil littéraire du Roi lui signala ce qui manquoit encore pour compléter l'œuvre du collége des *trois langues*, comme on le nommoit alors; et François Ier donna des Lettres-patentes datées du 17 janvier 1538 (v. s.), par lesquelles il institua le PREMIER *imprimeur royal pour le grec*, qui fut CONRAD NÉOBAR, et non pas Robert Estienne, comme beaucoup d'auteurs l'ont avancé [1].

Voici ce document remarquable, dont aucun historien de l'imprimerie de Paris n'a fait encore usage [2].

---

[1] Parmi le très petit nombre de ceux dont le nom fait autorité, je ne citerai que M. Firmin Didot. Dans son Discours prononcé le 19 mai 1829 à la Chambre des Députés, et réimprimé in-8°, notre excellent typographe dit « que Robert Estienne fut le *premier* imprimeur royal, et qu'à sa prière François Ier ordonna qu'il fût gravé « des caractères grecs. » L'ordonnance même que je rapporte démontre que ces deux assertions ne peuvent s'appliquer à Robert Estienne.

[2] Quelques unes des dispositions de ces Lettres-patentes sont rapportées dans le *Catalogue de la Bibliothéque d'un Amateur*, tome I, page 45, où l'auteur ajoute : « Cette pièce, dont un exemplaire (imprimé par Néobar lui-même) est dans la Bibliothéque Mazarine, « sous le n° 16029, et qui paroît avoir été inconnue à La Caille et à « Maittaire, mériteroit d'être réimprimée. » C'est avec une vive satisfaction que j'ai profité du renseignement donné par cette note, car ces Lettres-patentes sont en effet d'un grand intérêt historique et littéraire. Elles contrediront encore passablement les détracteurs de François Ier; c'étoit un motif de plus pour me déterminer à les publier séparément.

« FRANC. Dei grat. rex Francorum, Gallicæ reipublicæ, Salutem :

« Universis et singulis liquido constare volumus, nihil perinde nobis in votis esse, aut unquam fuisse, atque cum bonas literas præcipua quadam benevolentia complecti, tum juvenilibus studiis pro virili nostra recte consulere. Nam his probe constitutis, arbitramur non defuturos in regno nostro, qui et religionem sincere doceant, et leges in foro non tam privata libidine quam æquitate publica metiantur : ac denique in Reipub. gubernaculis ita versentur, ut et nobis sint ornamento, et communem salutem privato emolumento præferant.

« Hæc enim omnia, rectis studiis prope solis accepta ferri debent. Quare postquam haud ita pridem salaria viris aliquot literatis benigne decrevimus, qui juventutem linguarum juxta ac rerum cognitione imbuant, moribusque probatis, quoad liceat, forment : unum etiam nunc superesse animadvertimus, ad rem literariam provehendam non minus necessarium quam publice docendi provinciam : nimirum ut quispiam diligeretur, qui nostris auspiciis atque hortatu, græcam typographiam ex professo susciperet, ac in nostri regni juventutis usum græcos codices emendate excuderet.

« FRANÇOIS, par la grâce de Dieu, roi des Français, à la République (des lettres) française, Salut :

« Nous voulons qu'il soit notoire à tous et à chacun que notre désir le plus cher est, et a toujours été, d'accorder aux bonnes lettres notre appui et notre bienveillance spéciale, et de faire tous nos efforts pour procurer de solides études à la jeunesse. Nous sommes persuadé que ces bonnes études produiront dans notre royaume des théologiens qui enseigneront les saines doctrines de la religion ; des magistrats qui exerceront la justice, non avec passion, mais dans un sentiment d'équité publique ; enfin des administrateurs habiles, le lustre de l'état, qui sauront sacrifier leur intérêt privé à l'amour du bien public.

« Tels sont en effet les avantages que l'on est en droit d'attendre des bonnes études presque seules. C'est pourquoi nous avons, il n'y a pas long-temps, libéralement assigné des traitemens à des savans distingués [1], pour enseigner à la jeunesse les langues et les sciences, et la former à la pratique non moins précieuse des bonnes mœurs. Mais nous avons considéré qu'il manquoit encore, pour hâter les progrès de la littérature, une chose aussi nécessaire que l'enseignement public, savoir, qu'une personne capable fût spécialement chargée de

---

[1] Les professeurs du Collége royal, aujourd'hui Collége de France, furent nommés par François Ier au commencement de l'année 1530. Ce collége ne fut d'abord destiné qu'à l'enseignement de l'hébreu, du grec et du latin, ce qui le fit nommer aussi *Collége des trois langues*. Quelques années après, le Roi nomma trois autres professeurs de mathématiques, de philosophie grecque et de médecine ; mais aucun d'eux n'exerça du vivant de François Ier, les plans des bâtimens arrêtés dès 1539, n'ayant point été exécutés faute de fonds. Il y a aujourd'hui vingt-sept professeurs attachés au Collége de France.

« Nam a viris literatis accepimus, ut e fontibus rivulos, ita e græcis scriptoribus, artes, historiarum cognitionem, morum integritatem, recte vivendi præcepta, ac omnem prope humanitatem ad nos derivari. Porro id quoque didicimus, græcam typographiam tum vernacula, tum latina multo difficiliorem; ac denique ejusmodi esse provinciam quam nemo rite administret, nisi et græcanicæ linguæ gnarus, et cum primis vigilans, et facultatibus denique non vulgariter instructus; ac neminem fere inter nostri regni typographos esse, qui hæc omnia præstare possit, dico græci sermonis cognitionem, sedulam diligentiam, et facultatum copiam : sed in his opes, in illis eruditionem, in aliis aliud desiderari; nam qui literis pariter ac facultatibus instructi sunt, hos quidvis vitæ institutum persequi malle, quam rem typographicam, occupatissimam illam vivendi rationem suscipere.

« Quapropter viris aliquot eruditis, quorum vel convictu, vel alioqui consuetudine familiariter utimur, id muneris demandavimus, ut nobis quempiam invenirent, cum rei typographiæ studiosum, tum eruditione pariter ac sedulitate comprobatum, qui nostra benignitate adjutus, græce excudendi provinciam obiret.

« Nam hac quoque in parte vel duplici nomine studiis opem ferendam duximus : partim, ut quando a Deo optimo maximo regnum accepimus, opibus cæterisque rebus ad vitæ commoditatem necessariis, abunde

la typographie grecque, sous nos auspices et avec nos encouragemens, pour imprimer correctement des auteurs grecs à l'usage de la jeunesse de notre royaume.

« En effet des hommes distingués dans les lettres nous ont représenté que les arts, l'histoire, la morale, la philosophie et presque toutes les autres connoissances, découlent des écrivains grecs, comme les ruisseaux de leurs sources. Nous savons également que le grec étant plus difficile à imprimer que le français et le latin, il est indispensable, pour diriger avec succès un établissement typographique de ce genre, que l'on soit versé dans la langue grecque, extrêmement soigneux, et pourvu d'une grande aisance : qu'il n'existe peut-être pas une seule personne parmi les typographes de notre royaume, qui réunisse tous ces avantages : nous voulons dire, la connoissance de la langue grecque, une soigneuse activité et de grandes ressources ; mais que chez ceux-ci c'est la fortune qui manque, chez ceux-là le savoir, ou telle autre condition chez d'autres encore. Car les hommes qui possèdent à la fois instruction et fortune aiment mieux poursuivre toute autre carrière, que de s'adonner à la typographie, qui exige la vie la plus laborieuse.

. . . .

« En conséquence, nous avons chargé plusieurs savans que nous admettons à notre table ou à notre familiarité, de nous désigner un homme plein de zèle pour la typographie, d'une érudition et d'une diligence éprouvées, qui, soutenu de notre libéralité, seroit chargé d'imprimer le grec.

. . . .

« Et nous avons un double motif de servir ainsi les études. D'abord, comme nous tenons de Dieu tout puissant ce royaume, qui est abondamment pourvu de richesses et de toutes les commodités de la vie, nous ne voulons pas qu'il le cède à aucun autre pour la solidité donnée aux études, pour

instructum; in constituendis studiis, fovendis viris literatis, ac omni denique humanitate complectenda, exteris nationibus nihil concedamus : partim vero, ut et studiosa juventus, ubi nostram erga se benevolentiam intellexerit, justumque eruditioni honorem a nobis haberi, alacriori animo discendis literis percipiendisque disciplinis invigilet : et viri boni, nostro provocati exemplo, juvenilibus studiis formandis constituendisque, magis sedulam impendant operam. Dispicientibus itaque nobis, cuinam ea provincia tuto posset demandari, commodum sese obtulit CONRADUS NEOBARIUS. Nam cum is publicum aliquod munus ambiret, quo nostris auspiciis tum ad privatæ vitæ commoditatem, tum ad Reipub. emolumentum defungeretur : essetque a viris literatis nobisque familiaribus, eruditionis nomine ac industria commendatus : placuit nobis græcam typographiam illi committere, ut nostra fretus liberalitate, græcos codices, omnium artium fontes, in regno nostro, emendate excudat.

« Verum ne institutum hoc nostrum reipublicæ tranquillitati officiat, vel privatim fraudi sit Neobario typographo nostro, certis id rationibus, quasi formulis quibusdam, terminandum duximus.

« Primum itaque nolumus quicquam ex iis, quæ nondum typis mandata extant, prelo ab ipso mandari, nedum in lucem emitti, quod professorum, qui nostro stipendio conducti, in Parisina Academia juventutem docent, non prius subierit judicium : ita ut prophana, politiorum literarum professoribus; sacra, religionis interpretibus satisfecerint. Sic enim

la faveur accordée aux gens de lettres, et pour la variété et l'étendue de l'instruction : ensuite, afin que la jeunesse studieuse connoissant notre bienveillance pour elle, et l'honneur que nous nous plaisons à rendre au savoir, se livre avec plus d'ardeur à l'étude des lettres et des sciences ; et que les hommes de mérite, excités par notre exemple, redoublent de zèle et de soins pour former la jeunesse à de bonnes et solides études. Et comme nous recherchions à quelle personne nous pourrions confier en toute sûreté cette fonction, CONRAD NÉOBAR s'est présenté fort à propos. Comme il désiroit beaucoup obtenir un emploi public, qui le plaçât sous notre protection, et qui pût lui procurer des avantages personnels proportionnés à l'importance de son service, d'après les témoignages qui nous ont été rendus de son savoir et de son habileté par des hommes de lettres nos familiers, il nous a plu de lui confier la Typographie grecque, pour imprimer correctement dans notre royaume, soutenu de notre munificence, les manuscrits grecs, sources de toute instruction.

. . . .

« Mais, voulant pourvoir en même temps à l'ordre public, et prévenir toute fraude au préjudice de notre typographe Néobar, nous l'établissons dans son office, sous les clauses et conditions suivantes :

« Premièrement, nous entendons que tous les ouvrages qui n'ont pas encore été imprimés ne soient mis sous presse, et encore moins publiés, avant d'avoir été soumis au jugement de nos professeurs de l'Académie de Paris, chargés de l'enseignement de la jeunesse : en sorte que l'examen des ouvrages de littérature profane soit confié aux professeurs de belles-lettres, et celui des livres de religion à des professeurs de théologie. Par ce moyen la pureté de notre très sainte religion

fiet, ut tum sacrosanctæ religionis sinceritas, a superstitione et hærese : et morum candor ac integritas, a labe et vitiorum contagione vindicetur.

« Secundo, in græcis, quæ ipse primus in lucem edet, singula exemplaria ex singulis editionibus primis, in nostram bibliothecam inferet : ut, si qua calamitas publica literas inclementius afflixerit, hinc liceat posteritati librorum jacturam aliqua ex parte sarcire.

« Postremo, librorum quos typis mandabit, epigraphæ adscribet, se nobis esse a græcis excudendis, nostrisque auspiciis græcam typographiam ex professo suscepisse : ut non hoc modo sæculum, sed et posteritas intelligat, quo studio, quaque benevolentia simus rem literariam prosequuti, et ipsa nostro exemplo admonita, idem sibi quoque in constituendis promovendisque studiis faciendum putet.

« Cæterum quia hæc provincia, si qua alia, utilitati publicæ cumprimis inservit, integrasque hominis, qui eam sedulo administrare volet, operas sibi vindicat, adeo ut temporis nihil ab occupationibus supersit, quod iis studiis possit impendi, quibus ad honores, vel alioqui ad vitæ commoditatem, devenitur; iccirco volumus Conradi Neobarii typographi nostri rationibus vitæque trifariam prospectum.

« Primum itaque decernimus ei aureos, quos solares vulgo dicimus, centum in annum salarium : ut et munus susceptum alacrius obeat, et hinc impensas aliquantum sublevet. Deinde volumus eum a vectigalibus esse immunem, cæterisque privilegiis, quibus nos atque majores nostri, clerum adeoque Parisinam

sera préservée de superstition et d'hérésie, et l'intégrité des mœurs mise à l'abri de la souillure et de la contagion des vices.

« Secondement, Conrad Néobar déposera dans notre bibliothèque un exemplaire de toutes les premières éditions grecques qu'il mettra au jour le premier, afin que, dans le cas de quelque événement calamiteux aux lettres, la postérité conserve cette ressource pour réparer la perte des livres.

« Troisièmement, les livres que Néobar imprimera porteront la mention expresse qu'il est notre *Imprimeur pour le grec*, et que c'est sous nos auspices qu'il est spécialement chargé de la typographie grecque ; afin que non seulement le siècle présent, mais la postérité apprenne de quel zèle et de quelle bienveillance nous sommes animé pour les lettres ; et qu'instruite par notre exemple elle se montre disposée comme nous à consolider les études et à contribuer à leurs progrès.

« Du reste, comme cet office est plus que tout autre utile à l'état, comme il exige de l'homme qui veut l'exercer avec zèle des soins si assidus, qu'il ne peut lui rester un seul moment pour des travaux qui pourroient le conduire aux honneurs ou à la fortune, nous avons voulu pourvoir de trois manières aux intérêts et à l'entretien de notre typographe Néobar.

« D'abord, nous lui accordons un traitement annuel de cent écus d'or dits au soleil, à titre d'encouragement, et pour l'indemniser en partie de ses dépenses. Nous voulons en outre qu'il soit exempt d'impôts, et qu'il jouisse des autres privilèges dont nous et nos prédécesseurs avons gratifié le clergé et l'Académie de Paris, en sorte qu'il tire un plus grand avantage de l'exploitation des livres, et qu'il acquière plus faci-

Academiam donavimus, perfrui : ut librorum mercimonia commodius exerceat, cæteraque omnia facilius comparet, quæ ad rei typographicæ usum spectant. Postremo typographis pariter ac bibliopolis vetamus, in regno nostro vel imprimere, vel alibi impressos distrahere libros tum latinos tum græcos, in quinquennio, quos Conradus Neobarius primus typis mandaverit : in biennio, quos ad veterum exemplarium fidem vel sua industria, vel aliorum opera insigniter castigaverit.

« Cui edicto si quis non parebit, is et fisco obnoxius erit, et nostro typographo, quas in iis libris excudendis fecerit impensas, plene refundet. Mandamus insuper urbis Parisinæ prætori aut vice-prætori, cæterisque omnibus, qui vel in præsentia sunt, vel in posterum erunt nobis a Reipub. gubernaculis, quo et ipsi hunc nostrum typographum, concessis tum immunitatibus tum privilegiis legitime perfrui sinant, et alios, si qui illi vel injurias manus attulerint, vel alioqui abs re negocium exhibuerint, digno supplicio coerceant. Volumus enim ipsum perbelle munitum adversus tum improborum injurias, tum malevolorum invidias, ut tranquillo ocio suppetente, et vitæ securitate proposita, in susceptam provinciam alacriori animo incumbat.

« Hæc ut posteritas rata habeat, chirographo nostro atque sigillo confirmanda duximus. Vale.

« Luteciæ, decimo septimo Januarii, anno salutis millesimo quingentesimo tricesimo octavo, Regni nostri vicesimo quinto. »

lement tout ce qui est nécessaire à un établissement typographique. Enfin, nous faisons défense tant aux imprimeurs qu'aux libraires d'imprimer dans notre royaume, ou de vendre, pendant l'espace de cinq ans, les livres d'impression étrangère, soit grecs, soit latins, que Conrad Néobar aura publiés le premier; et pendant deux ans, les livres qu'il aura réimprimés plus correctement sur d'anciens manuscrits, soit par ses propres soins, soit d'après le travail d'autres savans.

« Tout contrevenant aux présentes sera passible d'une amende envers le fisc, et remboursera à notre typographe tous les frais de ses éditions. Mandons en outre au Prévôt de la ville de Paris [1], ou son lieutenant, ainsi qu'à tous autres magistrats actuellement en exercice, ou qui tiendront de nous des charges publiques, de faire jouir pleinement Conrad Néobar, notre typographe, de tous les priviléges et immunités qui lui sont accordés par les présentes; comme aussi d'infliger une peine sévère à quiconque lui apporteroit trouble ou empêchement dans l'exercice de son emploi: car nous entendons qu'il soit à l'abri des atteintes des méchants et de la malveillance des envieux, afin que le calme et la sécurité d'une vie paisible lui permette de se livrer avec plus d'ardeur à ses graves occupations.

« Et pour qu'il soit ajouté foi pleine et entière, et à toujours, à ce qui est ci-dessus prescrit, nous l'avons revêtu de notre signature, et y avons fait apposer notre sceau. Adieu.

« Donné à Paris, le dix-septième jour de janvier, l'an de grâce 1538, et de notre règne le vingt-cinquième. »

---

[1] Jean d'Estouteville étoit alors prévôt de Paris.

Cet acte royal n'a pas besoin de commentaire. Il est adressé à la postérité pour qu'elle apprenne « de quel zèle et de quelle bienveillance François Ier étoit animé pour les lettres. » Cette postérité, aujourd'hui tri-séculaire, a confirmé le titre de *Père et protecteur des lettres*, que ses contemporains lui avoient décerné [1].

---

[1] P.-L. Rœderer a écrit, sous le titre de *Louis XII et François Ier, ou Mémoires pour servir à une nouvelle histoire de leur règne* (2 vol. in-8°, 1825), la plus affligeante diatribe qui puisse sortir du cerveau malade d'un homme de lettres. Malgré ses tristes et malheureux efforts pour rendre odieuse la mémoire de François Ier, cet écrivain ne parviendra jamais à faire changer le titre de *Protecteur* en celui de *Persécuteur des lettres*. Le livre de Rœderer démontre de la manière la plus complète la vérité de cet axiome : « Qui veut trop prouver ne « prouve rien. » En rendant François Ier responsable des actes de haine et de persécution d'un clergé irrité, orgueilleux, et si puissant alors, qu'il s'attaqua même au Roi, à sa famille et à ses familiers (d'après Rœderer lui-même, pages 69 et 70, tome II), d'un clergé antipathique surtout au progrès des lettres qui le débordoient de toutes parts, l'auteur fait preuve d'un défaut de sens assez fréquent chez les écrivains passionnés qui jugent les hommes d'une époque selon l'esprit et les mœurs du temps où ils vivent. Dans sa mauvaise passion, le délirant Rœderer dit que « François Ier, *tyran forcené* des con- « sciences, *proscripteur* de l'imprimerie, oppresseur de l'esprit et de « la raison humaine, ne peut être appelé le *Père des lettres* que par la « vénalité qui s'acquitte ou qui mendie, ou par les échos qui répètent « tous les sons qui les ont frappés (p. 204). » Je ne me trouve, grâce à Dieu, dans aucune de ces situations, mais je suis heureux de pouvoir produire une pièce authentique et ignorée, qui fait bonne justice des déclamations *forcenées* de P.-L. Rœderer. — D'ailleurs toute l'histoire dément ce qu'avancent P.-L. Rœderer, Dulaure et consorts ; il s'agit seulement de ne pas la torturer au gré des plus malignes pensées. Ce fut François Ier qui interposa son autorité pour empêcher la Sorbonne, toujours la Sorbonne, de commencer des poursuites contre Érasme, au sujet de son livre des *Colloquia*, dans lequel les moines mendians surtout sont traités selon leurs mérites. Les moines étoient furibonds ; ils ne désignoient Érasme que par le nom de *Bestia erudita*. Un

Mais pourquoi attribuer à un prince qui a tant de droits à la reconnoissance publique, un titre qui ne lui appartient pas, celui de fondateur de l'imprimerie royale? Où en trouvera-t-on vestige dans ces Lettres-patentes, assurément remplies de vues sages et éclairées, d'excellentes intentions, mais qui ne sont en réalité qu'un privilége en faveur de Conrad Néobar? Car, dans les temps de bon plaisir, c'étoit une heureuse et innocente prérogative des Rois, d'exercer une grande influence sur les esprits, d'exciter l'émulation par un regard, une parole bienveillante, une visite, ou quelques lignes tracées ou signées de leur main. Les subventions de nos budgets si positifs ne peuvent agir de la même manière sur les arts et les lettres: l'argent les soutient, mais ne les élève pas.

François Ier a fait pour Conrad Néobar, imprimeur à défaut de mieux, ce que Léon X a fait pour Alde l'Ancien, et matériellement moins que de riches particuliers tels que les Chigi, les Tissard, les Fugger [1], les Le Jay,

---

dominicain, Louis Campestre, fit une édition de ces *Colloquia*, l'habilla à sa guise, et y substitua l'éloge des moines aux critiques d'Érasme; et le faussaire poussa l'audace jusqu'à condamner, et désigner à l'animadversion publique les éditions des véritables Colloques. L'histoire littéraire offre peu d'exemples d'une contrefaçon aussi téméraire. « Fraude pieuse, dit Érasme; en faveur de l'intention, je « pardonne volontiers à son auteur! En plaçant ses *Colloques* à côté « des miens, il a voulu me faire subir le supplice de Mézence. » (Extrait de la *Revue Britannique*, n° 2, février 1836, page 254, dans l'excellent article *Érasme*, tiré du *Fraser's Magazine*.)

[1] Huldrich Fugger, membre de cette famille de riches négocians d'Augsbourg, qui ont donné un si noble exemple de l'emploi d'une grande fortune, étoit l'ami de Henri II Estienne, et mit à sa dispo-

les de Brèves, n'ont fait pour d'autres imprimeurs. On comprend que l'honneur d'une fondation soit attribué à un souverain tel que le Pape Pie IV, qui chargea Paul Manuce de former un établissement d'imprimerie dans un local affecté à cette destination, qui en paya tous les frais, qui fournit à toute la dépense des impressions, et lui assigna un honorable traitement; ou comme l'ont fait encore avec tant de magnificence, Sixte-Quint pour l'imprimerie du Vatican, et les Médicis à Rome, pour l'imprimerie Arabe, appelée *Typographia Medicæa*. Mais François Ier n'a rien exécuté de semblable. On pourroit s'étonner que ce Roi n'ait pas eu l'idée d'ériger un établissement spécial de typographie à l'instar de ceux d'Italie, dont il vouloit éclipser en tout la gloire littéraire, si l'on ne savoit que le désordre des finances et leur épuisement, suite des guerres et des profusions de tout genre, ne laissoient aucuns fonds pour les plus utiles institutions conçues et désirées par ce monarque éclairé. Le trésor ne pouvoit pas même suffire aux traitemens des professeurs royaux, qui ne furent peut-être jamais payés intégralement, si l'on en juge par ce qu'ajouta Sully à la réponse de Henri IV au sujet d'une requête de ces professeurs [1]. On trouva donc

---

sition des sommes considérables pour qu'il ne ralentît pas ses publications d'auteurs grecs et latins. Pendant neuf ans, de 1558 à 1567, l'imprimeur mit sur le titre de ses éditions : *Excudebat Henricus Stephanus illustris viri Huldrici Fuggeri typographus*. Henri Estienne ne fut pas imprimeur royal.

[1] Les professeurs n'étoient pas payés depuis long-temps. Ils présentèrent une requête à Henri IV, en 1599. Le prince leur répondit : « J'aime mieux qu'on diminue de ma dépense, et qu'on m'ôte

qu'il étoit moins dispendieux et moins embarrassant de charger un imprimeur en titre de faire exécuter, sous sa garantie et sa surveillance, par des gens aux gages du Roi, trois caractères grecs, d'une nouvelle forme, jugés nécessaires pour l'honneur et l'avantage de l'Université de Paris; et voilà ce qui a été décoré du titre *d'Imprimerie royale*[1], non dans le principe, il est juste de le dire (car les termes mêmes des Lettres-patentes sont beaucoup plus modestes), mais par une multitude

---

« de ma table pour en payer mes lecteurs. M. de Rosni les payera. » Le surintendant ajouta, en s'adressant aux professeurs : « Les autres Rois vous ont donné du papier, du parchemin, de la cire; le Roi vous a donné sa parole, et moi je vous donnerai de l'argent. »

[1] C'est ainsi que l'on trouve dans l'*Histoire de François Ier* par Gaillard, que les Estienne « sont célèbres par la direction de l'imprimerie royale qui leur fut confiée, » et cette phrase plus singulière encore, « François Ier est regardé comme le fondateur de l'imprimerie « royale ; *elle fut négligée par ses successeurs*, jusqu'à ce qu'elle fût « rétablie par le cardinal de Richelieu. » Ainsi, par un étrange abus de mots, voilà une succession de Rois, accusée d'avoir négligé un établissement dont assurément aucun n'avoit soupçonné l'existence. On lit encore dans un *Dictionnaire raisonné de Bibliologie*, que François Ier *donna l'imprimerie royale* à Robert Estienne, et qu'Adrien Turnèbe fut quelque temps *directeur de l'imprimerie royale*. Dans le tome III, Supplément de cet ouvrage, page 169, l'auteur va beaucoup plus loin en disant à l'article *Imprimerie du Louvre* : « Cette imprimerie avoit été fondée, dès 1531, par François Ier, qui en confia d'abord la direction à Robert Estienne. » Ici la date de 1531 est une erreur complète ajoutée à celle du fait principal, puisque ce ne fut qu'en 1538 que François Ier nomma un imprimeur royal pour le grec, et que les premiers grecs de Garamont ne parurent pour la première fois qu'en 1540. On a été jusqu'à dire que cette imprimerie royale imaginaire possédoit des caractères d'argent; il eût été beaucoup moins absurde de dire que les Estienne, qui les employoient, avoient des presses d'or. Les anciens auteurs qui ont écrit sur l'imprimerie, soit en latin soit en français, ne désignent les imprimeurs en titre

d'écrivains qui ont successivement enchéri sur une dénomination complétement faussée de nos jours, comme tant d'autres de plus grave importance [1].

---

que sous les noms d'*Imprimeurs royaux pour le grec, Gardes des poinçons et caractères du Roi.* Ils disent *typi regii, characteres regii, typographus regius*; il n'est nullemeut question d'*imprimerie royale* : Bayle parle des *impressions royales* sous François Ier, et non d'*imprimerie royale*, parce que Bayle étoit assez souvent judicieux.

[1] Le titre de *fondateur* de l'imprimerie royale, attribué à François Ier sur les médailles mêmes à l'usage de cette imprimerie, n'a pas peu contribué sans doute à maintenir les écrivains dans l'erreur. Mais comme l'inscription de ces médailles a été souvent revue et corrigée, diminuée ou augmentée, selon les fluctuations politiques, il est possible qu'elle subisse encore une modification qui seroit plus conforme à la vérité historique.

Une médaille à l'effigie de Louis XVIII porte en légende : LVDOVICVS . XVIII . REX . FRANC . ET . NAV.; en exergue : TYPOGRAPHIA RESTITVTA MDCCCXXIII. Au revers :

A
FRANCISCO I
CONDITA MDXXXIX
LVDOVICO XIII
IN ÆDIBVS REGIIS
COLLOCATA MDCXL
LVDOVICO MAGNO
ILLVSTRATA
MDCXC.

Le mot *condita* est assurément impropre : pour être moins inexact, il faudroit mettre, tout au plus, *incœpta*. L'expression *condita in ædibus regiis* seroit aussi plus vraie et plus juste par rapport à Louis XIII. Quant au mot *illustrata*, il se rattache à l'époque où Louis XIV augmenta le fonds de l'imprimerie royale, en y faisant déposer tous les poinçons et les matrices qui étoient conservés dans la Bibliothéque du Roi.

La date de 1823 et le mot *restituta* de l'exergue sont commémoratifs de l'ordonnance du 13 juillet 1823. Cette ordonnance rapportoit celle du 12 janvier 1820, qui avoit supprimé le privilége général concédé à l'im-

Il n'y eut en effet d'autres types gravés par ordre du Roi [1] que ces trois caractères grecs sur différens

---

primerie royale d'exécuter toutes les impressions au compte de l'État, et qui rendoit *loisible* aux ministres et aux chefs d'administration de traiter avec tout imprimeur du commerce ou de s'adresser à l'imprimerie royale. Rien n'étoit plus équitable que cette ordonnance; elle fut annulée sur le rapport du Garde des sceaux, et l'administration de l'imprimerie royale triomphante, fit une correction à sa médaille pour éterniser le souvenir d'un acte d'iniquité. Mais le Garde des sceaux de 1823, de 1826 et de 1830 a payé bien chèrement les préjudices qu'il a causés à l'imprimerie de Paris, et les erreurs d'un faux jugement. Une autre édition de la médaille a été donnée depuis la révolution de 1830, avec cette nouvelle rédaction :

En légende : LVDOV . PHILIPPVS . I . FRANCORVM . REX.; en exergue : TYPOGRAPHIA REGIA INSTAVRATA MDCCCXXXI. Au revers :

A
FRANCISCO I
CONDITAM MDXXXIX
LVDOVICVS XIII
IN ÆD. REG. COLLOCAVIT
LVDOVICVS XIV
SVMPT. REG. INSTRVXIT.
TANDEM. NAPOLEO
NOV. INCREM. AVCTAM
PVB. ET LITT. VTILIT.
DESTINAVIT.
MDCCCIX.

On voit combien le style numismatique est ductile, et comme l'administration de l'imprimerie royale sait allier des noms, des gloires et des souvenirs si divers. Nous croyons que cette dernière rédaction est encore susceptible d'amendement, et nous proposons, en ces termes, ou autres au choix délicat de MM. de l'imprimerie royale : AD PRIST. CONST. REVOCATAM ÆQVO JVDIC. LUDOV. PHILIPPI I.

[1] « On a écrit que François Ier avoit contribué à la gravure des caractères hébreux; mais outre que Robert Estienne, dans son *Alphabetum hebraïcum*, publié en 1550, n'en dit rien, et ne les appelle pas *characteres regii*, comme les grecs de Garamont, c'est

corps, d'après les modèles d'Ange Vergèce. Cet Hellène, qui étoit attaché au Collége royal en qualité *d'écrivain du Roi en lettres grecques*, aux appointemens de 450 livres tournois, comme ceux des professeurs, dut exécuter ces modèles sans autre rétribution. Quant à Néobar, il devoit, aux termes de l'ordonnance, monter à ses frais et dépens une imprimerie particulière, spécialement pourvue de caractères grecs, moyennant *un traitement annuel de cent écus d'or*, et un privilége de deux et cinq ans pour ses éditions grecques, pour l'indemniser *d'une partie* de ses dépenses. L'exécution des poinçons grecs fut confiée à Garamont, le plus habile graveur et fondeur de son temps [1], sous

« qu'ils auroient été remis, ainsi que ces derniers, à la Chambre des « Comptes. » (*Essai hist. sur la Typog. orientale et grecque de l'Imprimerie royale*, par de Guignes, 1787, in-4°, p. 47.)

[1] M. Firmin Didot, dans ses *Observations* sur les Estienne (à la suite de sa traduction de *Tyrtée*, in-12, 1826, p. 210), dit que Garamont n'avoit point d'établissement de fonderie; mais je ne sais sur quel renseignement est fondée cette assertion. Tous les ouvrages que j'ai consultés présentent Garamont comme *fondeur*. On lit dans l'*Histoire de l'imprimerie et de la librairie*, par Jean de La Caille, pag. 81 : « Claude Garamont estoit un des plus habiles fondeurs de caractères d'imprimerie de son temps, dont il nous reste présentement (1689) plusieurs frappes et matrices qui portent encore son nom. » Ces mêmes poinçons et matrices existoient encore à l'époque de la révolution de 1789, dans l'établissement des demoiselles Fournier, dont ils formoient la majeure partie du fonds. Mon père fit exécuter dans cette fonderie plusieurs fontes de grecs, dits *Garamont*. A la mort des demoiselles Fournier le fonds fut vendu, et tout le matériel dispersé. Ce que La Caille n'indique pas, c'est que Claude Garamont étoit libraire, et qu'il fut reçu en 1545, selon *le Catalogue chronologique des Libraires et des Libraires-imprimeurs de Paris*, par Lottin, page 28, 1re part., et 68, 2e part., où on lit : « Ga-

la surveillance de Néobar, assisté lui-même des conseils d'un professeur royal de grec, qui étoit sans doute Jacques Tussan ou Toussain (Tusanus), beau-père de Néobar. En 1540 parut le premier volume [1] imprimé avec les nouveaux types grecs royaux, qui surpassoient en correction et en élégance tous ceux alors en usage, et qui n'ont rien perdu de leur supériorité depuis trois siècles. Néobar ne jouit pas long-temps du succès de ses efforts. Il mourut à la peine, comme c'est le sort le plus assuré des imprimeurs, dans la même année 1540 [2]. Sa veuve, fille de Jacques Tussan, professeur royal, continua d'exercer l'imprimerie pendant plusieurs années; et Robert Estienne lui succéda dans le titre *d'imprimeur royal pour le grec*. Déjà, depuis 1539, François Ier l'avoit nommé imprimeur pour le latin et pour l'hébreu. Succédant ainsi au titre de Néobar, Robert Estienne, en possession des matrices des types grecs, devint en même temps solidaire des dépenses qu'elles avoient occasionnées, vis-à-vis du graveur et fondeur, qui préféroit avoir pour débiteur

---

ramont (Claude), le plus célèbre graveur et *fondeur* de caractères d'imprimerie. »

[1] *Arist. et Philon de Mund.*, in-12. (*Maittaire*, tom. III, pars post.)

[2] « Il ne dura guère dans cet exercice, le travail de l'imprimerie lui causa la mort. » (Chevillier, *de l'Origine de l'Imprimerie de Paris*, partie III, chap. 2, p. 246.) — Une épitaphe composée par Henri Estienne pour Conrad Néobar, nous fait connoître que ce savant succomba à de longues douleurs de tête, suite d'un travail excessif. Cette épitaphe se termine par ces deux vers :

Sed tandem longo capitis comitante dolore,
Illum, Musarum spem pariterque rapit.

le typographe plutôt que le Trésorier de *l'Épargne*, qui n'épargnoit guère. Néobar avoit fait des avances considérables qui restèrent conséquemment à la charge de son successeur.

Ce seroit ici le lieu de parler de l'odieuse imputation faite à Robert Estienne d'avoir volé, dérobé ou emporté (car les termes ont varié comme la forme du mensonge, selon les hommes et les temps) ou les matrices, ou les poinçons, ou les caractères de *l'imprimerie royale, dont on lui avoit confié la direction*. Il valoit autant dire qu'il avoit mis toute cette imprimerie royale dans sa poche! Mais quand on connoît la source d'une telle calomnie, toute discussion du fait devient superflue. Robert Estienne étoit partisan de la réforme, c'est-à-dire un hérétique, dans le langage du temps [1]. De là, haine à mort, et des Jésuites, et des Ligueurs, et des Sorbonnistes : d'un Gilbert Genebrard, d'un Antoine Possevin, d'un Pierre de Saint-Romuald, d'un Richard Simon; car il faut dire tous les noms de ces frénétiques pour leur honte éternelle, et en expiation de leur injure à tant de vertu, de savoir, de talens et d'intelligence. On peut reconnoître d'après ce que j'ai dit plus haut, que si Robert Estienne, en 1552,

[1] On ne peut assez déplorer, dit Maittaire, les funestes effets des dissensions religieuses, lorsque l'on voit ces deux typographes (Robert et Henri Estienne) forcés de s'expatrier et d'interrompre, si ce n'est d'arrêter entièrement, le cours de tant de travaux. Que ne devoit-on pas attendre de ces deux hommes qui ont exécuté tant et de si grandes choses, proscrits et exilés sur une terre étrangère, s'ils avoient continué de rester florissans à Paris! (*Annales Typog.*, tom. III, pars post., p. 483.)

sous Henri II, a quitté Paris, où sa vie étoit chaque jour menacée, en emportant à Genève des matrices, et non des poinçons (ce que les écrivains ont souvent confondu), des caractères grecs, dont il n'a fait aucun usage dans cette ville [1], c'est que les frais étoient restés à sa charge au temps de François Iᵉʳ, mort en 1547, et que n'ayant pu se faire rembourser de ses avances, ces matrices avoient été laissées à son compte [2]. Le gou-

---

[1] Qu'on me montre un seul livre, dit Maittaire, à l'impression duquel Robert lui-même, ou Henri, ou Paul, ait fait servir ces caractères à Genève? (*Vita Roberti Stephani primi*, Lond., 1709, in-8°, pag. 135.)

[2] Je suis surpris qu'aucun des auteurs qui ont discouru sur ce sujet n'ait songé à dire qu'il existoit d'autres matrices frappées avec les poinçons grecs de Garamont, pour fournir de caractères grecs, à leurs frais, les imprimeurs de Paris auxquels le Roi accordoit la permission de s'en servir. C'est ce qui explique comment il s'est passé soixante ans avant que l'on ait songé aux matrices qui avoient dû se trouver dans l'imprimerie de Robert Estienne, et qui devoient être en meilleur état; comment encore Robert II Estienne, son fils, étoit garde des caractères et poinçons du Roi en 1568, et se servoit, ainsi que les Turnèbe, les Morel, etc., des grecs royaux, long-temps après le départ de Robert Estienne. La seule obligation imposée aux imprimeurs, c'étoit de mettre sur le titre des livres imprimés avec ces caractères, une épigraphe grecque en l'honneur de François Iᵉʳ, avec l'indication *Regiis typis*. Cette épigraphe étoit : Βασιλεῖ τ' ἀγαθῷ κρατερῷ τ' αἰχμητῇ, *à l'excellent Roi et au vaillant guerrier.* Les caractères grecs de Garamont étoient si renommés, que l'Université de Cambridge, en 1700, voulut en avoir des fontes particulières. Il fut répondu aux curateurs de l'imprimerie de l'Université, qu'on leur fourniroit volontiers des fontes entières des caractères grecs du Roi, à condition qu'ils s'obligeroient d'en manifester leur reconnoissance, non seulement dans une Préface, mais encore sur le titre de chaque ouvrage, et en ces termes : *Caracteribus græcis e typographeio regio Parisiensi;* mais cette formule n'ayant pas été agréée par l'Université de Cambridge, le projet fut abandonné.

vernement de Henri II ne se doutoit assurément pas qu'il possédât une *imprimerie royale* pourvue d'un directeur, lorsqu'il laissoit sortir de Paris ce Robert Estienne avec tout le mobilier typographique dans son coche ! Et quel mobilier encore ? des caractères *d'argent !* car on voit jusqu'où peut aller l'absurde en fait de mensonge, et c'est un religieux Feuillant, ce père Pierre de Saint-Romuald, qui comble ainsi la mesure [1].

---

[1] Dans ses *Éphémérides ou Journal chronologique*, n° 5 d'avril, tom. I, pag. 308, et dans la Table, à la lettre R. — Au reste, la mémoire de Robert Estienne n'a pas manqué de défenseurs, ou plutôt de panégyristes ; mais la calomnie a été répétée dans mille volumes, avec des variantes et des commentaires, comme le souhaitoient sans doute les Basiles du temps. Elle a même encore fructifié de nos jours, car M. L. de Villebois, un administrateur de l'imprimerie dite royale, dans un Mémoire en réponse aux réclamations des Imprimeurs de Paris, en date du 28 mars 1829, a profité de cette calomnie pour insinuer qu'on ne pouvoit avoir de confiance dans les imprimeurs particuliers, puisque l'un d'eux, auquel des types avoient été confiés, les avoit mis en gage à Genève pour un prêt d'argent. Il falloit être bien dépourvu de bon droit pour recourir à un pareil argument. Il appartenoit à un célèbre typographe du nom de Didot, de donner des explications péremptoires, sur ce prétendu détournement des matrices grecques ; et M. Firmin Didot, dans ses *Observations sur Robert et Henri Estienne*, a judicieusement apprécié et éclairci le fait de ces matrices retrouvées à Genève. Je crois avoir complété ces explications, à l'aide du privilége de Néobar, dont il n'avoit pas connoissance, quand il a écrit ses *Observations*. Aucun des auteurs qui ont disserté sur ce sujet, Janss. d'Almeloveen, Baillet, Ménage, La Monnoye, Le Clerc, Maittaire, Prosper Marchand, etc., n'avoit résolu la question d'une manière satisfaisante. Il existe d'ailleurs un fait irrécusable dans cette odieuse accusation de détournement des types grecs par un Estienne, c'est que par un arrêt du Conseil d'état du Roi, du 27 mars 1619, un petit-fils de Robert Estienne lui-même, Paul, fut chargé de retirer les matrices grecques des mains de la seigneurie de Genève, moyennant

Toutefois, si François Ier n'a pas fondé une imprimerie royale, il n'en a pas moins atteint le but d'utilité publique qu'il s'étoit proposé, et avec plus de succès peut-être qu'il n'en eût obtenu d'un établissement gigantesque, pourvu de tout l'attirail administratif, et qui auroit coûté, comme il a coûté depuis, des millions à la France; il n'a fallu que quelques feuilles de parchemin, un peu de cire jaune et la signature du Roi, pour enfanter d'admirables volumes, prodiges de science et d'art, qui ont acquis à la typographie française une suprématie incontestable sur celle des autres nations. Les éditions d'auteurs grecs se multiplièrent rapidement. Les hommes les plus élevés en dignité et en savoir, les plus célèbres professeurs, s'associèrent aux travaux des imprimeurs, qui, de leur côté, rivalisèrent de zèle pour répondre aux intentions du monarque et mériter son suffrage. C'est ainsi que Robert Estienne redoubla d'efforts, et donna toutes ses facultés à l'étude et au travail, pour que son mérite ne parût pas inférieur à la faveur qu'il avoit reçue d'un aussi excellent Roi [1].

---

une somme de trois mille livres, dont quatre cents livres furent allouées audit Paul Estienne pour ses soins dans cette affaire. S'il eût existé le moindre doute sur la légitime possession de ces matrices dans la famille des Estienne, assurément on n'auroit pas gratifié un membre de la famille pour les faire rentrer en France.

[1] *Novo nunc honore* (titulo *Regii typographi græcarum litterarum*) *auctus, et Regiæ gratiæ stimulis accensus, ad majora adhuc studia animum erigit, omnibus contendit nervis, ut dignitati labor accrescat, nec Regis optimi favore inferius meritum suum videatur.* (Maittaire, *Vita Roberti Stephani primi*, pag. 36, in-8°; Londres, 1709.)

François Ier, tout en accordant une bienveillance marquée aux lettres grecques et latines, ne négligea pas la culture de la langue nationale, « qu'il sçavoit et « parloit mieulx que homme qui fust vivant en son « royaume [1]. » Par son ordonnance du mois d'août 1539 (art. 110 et 111), donnée à Villers-Cotterets, il supprima l'usage du latin dans les tribunaux et dans les actes publics. Il étoit temps d'arrêter la corruption produite par le mélange continuel des deux idiomes latins et français qui pouvoient finir par se détruire l'un l'autre.

François Ier voulut encourager les imprimeurs à exécuter d'une manière correcte les ouvrages de la littérature française, dont les publications s'étoient un peu ralenties, et il fit choix d'un *imprimeur royal pour honorer la langue française*, comme il en avoit nommé pour le grec, le latin et l'hébreu. Voici un extrait des Lettres-patentes, datées du 12 avril 1543, qui confèrent ce titre à Denis Janot [2].

---

[1] *Oraison funèbre prononcée à Notre-Dame*, par P. Du Châtel (*Castellanus*), le jour même des funérailles de François Ier, le 23 mai 1547.

[2] Cette pièce a été insérée à la suite de l'*Histoire de François Ier*, par Gaillard, édition de 1819, tome IV, page 403, où elle se trouve précédée de cette observation de l'éditeur : « Il ne nous paroît pas que cette pièce ait été connue de nos jours. Elle est tirée d'un opuscule qui ne se trouve dans aucune des Bibliothèques publiques de Paris *, et dont le père Nicéron ne fait pas mention, quoiqu'il cite seize ouvrages différens de l'auteur de ce livre. Voici son titre : *Translacion de la langue latine en françoyse, des septiesme et huytiesme Livres de Caius Plinius secundus, faicte par Loys Meigret, Lyon-*

* J'en ai fait la recherche, et je n'ai pu en effet me procurer le volume.

« Françoys, par la grâce de Dieu, roy de France,
« Sçavoir faisons que nous ayants esté bien et duement « advertis de la grande dextérité et expérience que « nostre cher et bien-amé Denys Ianot a en l'art de « l'imprimerie, et ès choses qui en despendent, dont « il a ordinairement fait grande profession, et mes- « mement en la langue françoise; considérant que nous « avons jà retenu et fait deux noz Imprimeurs, l'un en « la langue grecque et l'autre en la latine [1] : ne vou- « lants moins faire d'honneur à la nostre qu'aux dictes « deulx aultres langues, et en commettre l'impression « à personnaige qui s'en saiche acquiter, ainsi que nous « espérons que sçaura très bien faire ledict Janot, iceluy « avons retenu et retenons par ces présentes, nostre « Imprimeur en ladicte langue françoyse : pour dores- « navant imprimer bien et deument en bon caractère « et le plus correctement que faire se pourra, les livres « qui sont et seront composez, et qu'il pourra recou- « vrer en ladicte langue....

« Et nous avons audict Ianot permis et octroyé par « ces présentes, qu'il puisse imprimer tous livres com- « posez en ladicte langue françoyse qu'il pourra re- « couvrer, aprez toustes foiz qu'ilz auront esté bien,

---

nois. Avec privilége du Roi pour cinq ans. Acheve d'imprimer le vingt-cinquiesme jour de mars, l'an mil cinq cens quarante-trois, auant Pasques. C'est un in-8° de 135 feuillets, non compris un avis aux lecteurs de 6 feuillets, une table de 4 feuillets, et le privilége. »

[1] Conrad Néobar, pour le grec, en 1538; et Robert Estienne, pour le latin, en 1539.

« duement et suffisamment veuz et visitez et trouvez « bons et non scandaleux.

« Doné à Paris, le douziesme jour d'apvril, l'an de « grâce mil cinq cens quarante-trois, et de nostre « reigne le vingt-neufiesme. »

C'est ainsi que François Ier, par la supériorité de son intelligence, fit ployer les résistances de la Sorbonne et de l'Université. Par la sagesse de ses mesures, il présida à la renaissance des arts et des lettres, et prépara à la France des conquêtes littéraires dont aucune autre nation n'a pu la déposséder. « Les défauts de ce prince, « dit Anquetil, n'ont affligé que son siècle, et nous « jouissons du fruit de ses bonnes qualités. »

FIN.

www.ingramcontent.com/pod-product-compliance
Ingram Content Group UK Ltd.
Pitfield, Milton Keynes, MK11 3LW, UK
UKHW022140190726
13855UKWH00003B/1261